Wie Eltern ihren Kindern
bei Mathe helfen können

Zum Autor

Dieter Reinecker, Jahrgang 1953, war als Gymnasiallehrer und Nachhilfelehrer tätig.

Unter anderem schrieb er ein Buch über und für Nachhilfelehrer. Immer wieder sah er sich mit der Frage konfrontiert, warum auffallend viele Schüler und Schülerinnen Schwierigkeiten mit dem Schulfach „Mathematik" hatten.
Obwohl sich im Laufe der letzten Jahrzehnte das Lernmaterial für Mathematik besonders in der Grundschule enorm verbessert hatte, war die Angst vor der „Mathematik" im Allgemeinen geblieben. In Elternsprechtagen erkannte er, dass bereits viele Eltern ein angstbesetztes Verhältnis zur Mathematik hatten, das noch aus ihrer eigenen Schulzeit stammte. So lag die Vermutung nahe, dass Kinder unterbewusst diese elterliche Angst spürten und sie beim Erlernen der Zahlenwelt möglicherweise hinderte. Daraus folgerte der Autor die Ansicht, bereits bei den Eltern ansetzen zu müssen, um ihnen die Mathematik näher zu bringen, ihnen ihre Angst zu nehmen. In diesem Büchlein versucht der Autor, Eltern Mut zu machen, mit ihrem Nachwuchs unbelastet deren Mathe-Hausaufgaben zu begleiten.

Dieter Reinecker

Wie Eltern ihren Kindern bei Mathe helfen können

Bibliografische Information der Deutschen Nationalbibliothek:
Die Deutsche Nationalbibliothek verzeichnet diese
Publikation in der Deutschen Nationalbibliografie; de-
taillierte bibliografische Daten sind im Internet über
http://dnb.dnb.de abrufbar.

Herstellung und Verlag: BoD – Books on Demand,
Norderstedt

ISBN: 978-3-7568-6917-6

Inhalt

Wie Eltern ihren Kindern bei Mathe helfen können

Einleitung

Auffallend viele Schüler (damit meine ich grundsätzlich und ohne jede Abwertung auch alle Schülerinnen) scheinen Probleme mit der Mathematik zu haben. Nun richte ich mich in diesem Büchlein insbesondere an diejenigen Eltern, deren Kinder bald in die Schule kommen oder schon in der Grundschule sind. Mir geht es also hier nicht um die Lösung mathematischer Probleme in der Oberstufe, sondern um den Einstieg in die Welt der Zahlen. Ihre Kinder sollen nun schreiben, lesen und rechnen lernen. Aber bereits in der Grundschule spricht man nicht mehr vom Rechnen, sondern bereits von Mathematik. Allein dieses Wort schreckt schon viele Eltern ab. Liebe Eltern, wenn Sie Angst vor Mathematik haben, auch wenn es nur unterbewusst ist, spüren Ihre Kinder Ihre Angst. Dass diese Angst Ihren Kindern nicht hilft, brauche ich hier nicht unbedingt auszuwalzen. Ich will Ihnen zeigen, dass Sie keine Angst vor der Mathematik haben müssen. In diesem Büchlein werden Sie weder geprüft, noch müssen Sie Aufgaben lösen oder berechnen. Sie brauchen diese Ausführungen nur zu lesen und sie auf sich wirken zu lassen. Sie werden ein neues Gefühl für dieses spannende Fach entwickeln und dann Ihre Kinder besser verstehen.

Zum Begriff

Was ist eigentlich Mathematik oder anders gefragt, was heißt eigentlich Mathematik. Das Wort kommt aus dem Griechischen und bedeutet so viel wie „Verstehen".

Mithilfe der Mathematik kann man sehr vieles besser verstehen. Mit Ihrem Auto fahren Sie fünfzig Kilometer pro Stunde in der Stadt, also 50 km/h. Das klingt für Sie selbstverständlich. In der Schule lernen Ihre Kinder, dass das Auto für eine Strecke von 50.000 Metern 60 Minuten braucht. Dieses Verhältnis von Zeit und Weg nennt man Geschwindigkeit. Durch eine Zuordnung von Zahlen kann man ein physikalisches Phänomen beschreiben und dadurch besser verstehen.

Was ist also die Mathematik eigentlich? Mathematik ist eine spezielle Sprache, mit der man die Natur im weitesten Sinne besser verstehen kann. Das Besondere an der Mathematik ist aber, dass sie völlig logisch ist. Sie brauchen jetzt nicht zu erschrecken. Wie Sie vielleicht schon festgestellt haben, werden Sie kaum Zahlen in diesem Büchlein finden. Es geht nämlich um Mathematik, also ums Verstehen.

Stellen Sie ich vor, Sie müssten Chinesisch lernen. So geht es Ihren Kindern. Sie müssen quasi eine neue Sprache lernen. Neu sind aber nicht nur die Wörter, sondern es ist die „Abstraktion". Schauen wir uns erst einmal die Wörter an: Seitdem es Mathematiker gibt, haben sie ihre Fachwörter der Alltagssprache entnommen und sie für ihre Zwecke neu definiert, also eingegrenzt und bestimmt. „Mehr" oder „weniger" ist für Mathematiker sehr wichtig. Um Verwechslungen vorzubeugen, haben sie dafür lateinische Wörter genommen: Plus und Minus.

„Fremdwörter"

Ihre Kinder müssen also einige neue Wörter lernen. Wenn Sie vom Schulbeginn an Ihren Kindern helfen wollen, sollten auch Sie diese neuen Wörter kennen und verstehen. Aus dem Alltag kennen Sie das Wort „Summe". In der Mathematik bedeutet aber „Summe" ausschließlich das Ergebnis einer Addition (Zusammenzählen) und nichts, aber auch gar nichts Anderes. Das Ergebnis einer Subtraktion (Abziehen) heißt Differenz. Diese Begriffe sind viel wichtiger als sie im Moment erscheinen. Wenn zum Beispiel in einer

Textaufgabe steht: Nenne bitte die Differenz der Zahlen 12 und 4, handelt es sich eben nicht um die Summe der beiden, sondern um den Unterschied, nämlich die Zahl 8. Ich gehe davon aus, dass das für Sie selbstverständlich und auch einfach zu verstehen ist. Aber man kann auch etwas missverstehen, wenn nach einem „Produkt" der Zahlen 12 und 4 gefragt wird. Das Produkt ist nämlich in der Mathematik ausschließlich das Ergebnis einer Multiplikation (Malnehmen), also 48. Die beiden Zahlen 12 und 4 nennt man dann Faktoren. Zwischen Faktoren steht immer das „Malzeichen" und das Ergebnis heißt eben Produkt. Das Ergebnis aber einer Division (Teilung) ist immer nur ein „Quotient" und nichts Anderes. Ihre Kinder müssen also die mathematischen Ausdrücke genau kennen und auch unterscheiden können: Summe, Differenz, Produkt und Quotient. Wenn nun in den sogenannten von vielen Schülern und ehemaligen Schülern - also Eltern - gefürchteten Textaufgaben diese Begriffe vorkommen, brauchen Sie keine Angst mehr zu haben. Die Rechenvorgänge selbst sind in der Regel sehr einfach. Nur wer Produkt und Summe verwechselt, rechnet falsch. Ein Wort aus der Sprache der Mathematik ist nur sehr selten das gleiche Wort in der Umgangssprache. Mathematik heißt nicht nur „Verstehen", sondern ist auch eine Sprache mit eigenen Wörtern. Sie sollten diese Wörter kennen, denn Ihre Kinder müssen sie lernen.

Unterscheiden Sie: Summe, Differenz, Produkt und Quotient!

Zahlen und Ziffern

Auf einige mathematischen Begriffe werde ich später noch einmal eingehen. Nun komme ich aber erst einmal zu den Zahlen.

Die Zahlen sind, wie man weiß, unendlich, nicht aber die Ziffern. Während es in der deutschen Sprache je nach Definition 26 bis 30 Buchstaben gibt, braucht die Mathematik im Wesentlichen nur 10 Ziffern: 1, 2, 3, 4, 5, 6, 7, 8, 9 und 0.

Die Zahlen, mögen Sie auch noch so lang sein, sind ausschließlich Kombinationen aus diesen zehn Ziffern. Eine Million besteht nur aus einer 1 und sechs 0. Allein diese einfache Erkenntnis nimmt so manchem Kind die Scheu vor der Mathematik.

Zusätzlich gibt es in der Mathematik auch nur vier verschiedene Rechenwege: Plus, minus, mal und geteilt. Wenn man bei einer Aufgabe nicht genau bestimmen will oder kann, welche der Zahlen gemeint sind, ersetzt man diese einfach mit Buchstaben wie a, b, x, y und so weiter.

Das ist im Grund alles: Zehn Ziffern und vier Rechenwege.

Immer das Gleiche

Auf das wichtigste Zeichen in der Mathematik komme ich erst jetzt zu sprechen:

<u>Das Gleichheitszeichen =</u>

Es ist das wesentliche Zeichen der Mathematik. Ihre Kinder lernen zu Beginn der Schulzeit rechnen: Addieren, subtrahieren, multiplizieren und dividieren. Dabei wird unausgesprochen immer das kleinste bzw. einfachste Ergebnis gewünscht, z.B.:

$$5 + 6 = 11$$

Das ist richtig. Das Augenmerk liegt am Anfang der Schulzeit auf dem Rechenweg. Das ist ja auch richtig, denn die Schüler sollen ja Addieren usw. lernen. Man kann die Aufgabe aber auch anders schreiben:

$$5 + 6 = 20 - 9$$

Auch dieses Ergebnis ist richtig, auch wenn es nicht gewünscht ist. Gewünscht ist stets die kleinste und einfachste Zahlenvariante, also in diesem Fall 11. Aber was bedeutet die Orientierung auf den Rechenweg für die Lernenden über die langen Jahre? Sie schauen immer gebannt auf den Rechenweg, aber weniger auf die Gleichheit der Wertigkeit. Nun, das scheint im ersten Moment auch nicht so entscheidend zu sein.

Aber Achtung: Die Textaufgaben fragen nicht nur nach dem Rechenweg, sondern nach der Darstellung der Gleichung. Die Gleichung ist die zentrale Struktur jeder Aufgabe. Finden Sie die Gleichung, offenbaren sich Ihnen die Rechenwege.

Z.B.: Klaus ist doppelt so alt wie sein Bruder Tim. Tim ist 6 Jahre alt. Wie alt ist Klaus. Also muss man rechnen: 2 x 6, also ist Klaus 12 Jahre alt. So weit so richtig. Die Gleichung zu der Aufgabe lautet allerdings:

$$K = 2 \times 6.$$

Eine sogenannte Textaufgabe verlangt stets die Übertragung ihres Problems in die Sprache der Mathematik, also in die Welt der Zahlen. Und dabei ist es elementar wichtig, zuallererst nach dem Gleichheitszeichen zu fragen. Steht die Gleichung, ergibt sich fast von selbst der notwendige Rechenvorgang.

Darum lautet mein Hinweis an Sie, liebe Eltern, ihre Kinder schon sehr früh auf die Wichtigkeit des Gleichheitszeichens hinzuweisen. Auf Dauer wird sich immer alles um das Gleichheitszeichen drehen. In der Mitte steht das „=" und links bzw. rechts von ihm stehen die unterschiedlichen „Terme", die aber immer den gleichen „Wert" haben müssen, sonst stimmt die Gleichung nicht.

Mathematik als Sprache

In diesem Zusammenhang möchte ich - auch wenn ich mich wiederhole - auf die Sprache der Mathematik hinweisen. Im Allgemeinen sind die so gefürchteten Textaufgaben sehr einfach, was den Rechenweg betrifft. Die Textaufgaben erschließen sich stets über die Suche nach der passenden Gleichung.

Aber genauso wichtig sind die **mathematischen Begriffe**. Einige habe ich schon genannt, wie Summe, Differenz, Produkt und Quotient. Aber auch die Zahlen, die zu den jeweiligen Ergebnissen führen, haben Bezeichnungen, die man kennen muss. Sie kommen zwar seltener in den Textaufgaben vor, aber wenn sie genannt werden, muss man sie verstehen, sonst kann man die Aufgabe nicht lösen. Eine Summe setzt sich stets aus mindestens zwei „**Summanden**" zusammen (5+6). Eine „Differenz" ergibt sich aus dem Unterschied von „**Minuend**" und „**Subtra-**

hend" (8-5). Das „Produkt" ist ein Ergebnis aus mindestens zwei „**Faktoren**" (5x6) und ein „Quotient" ist in der Mathematik ausschließlich das Ergebnis einer „Division", eines „**Dividenden**" und eines „**Divisors**" (6:3). All diese Begriffe sind Wörter aus der Sprache der Mathematik, die man wie englische Vokabeln auswendig lernen muss. Leider wird dieser Umstand allzu häufig übersehen und daher oft vernachlässigt. Auf die mathematischen Vokabeln werde ich aber noch mehrmals zurück kommen. Sie sind nämlich extrem wichtig.

Gleiche Werte

Jetzt geht es noch einmal um das Gleichheitszeichen: Es sieht sehr einfach und selbstverständlich aus, aber es ist die Grundlage der gesamten Mathematik:

$$1 \text{ gleich } 1 \qquad \text{bzw.} \qquad 1 = 1$$

Es klingt so einfach: Eine Mathematik-Aufgabe ist dann richtig, wenn die Gleichung stimmt. Wird z.B. in einer Text-Aufgabe eine bestimmte Zahl als Lösungszahl gesucht und man diese dann in die jeweilige Gleichung einsetzt, müssen die „Werte" links und rechts der Gleichung gleich sein. Dann ist bewiesen, dass die Gleichung richtig ist.

Klingt logisch, ist es auch. Von entscheidender Bedeutung ist der Begriff: „Wert". Der Wert eines Autos ist nicht das Auto selbst. Mathematisch betrachtet ist es unwichtig, ob es sich um einen VW oder Opel handelt. Der Wert ist entscheidend. In der Mathematik geht es also nicht um die äußerliche Darstellung links und rechts vom Gleichheitszeichen, sondern um deren Wert:

$$7+3-5+2-1+12 = 18$$

Also 18 = 18. Die Werte sind gleich, die Rechnung stimmt - die Gleichung stimmt. Eigentlich ganz einfach und logisch. Ist die Gleichung richtig, wird dies der Lehrer bestätigen - ist die Gleichung falsch, gibt es einen Punktabzug.

Die Struktur „Gleichung" wird alle Schüler die gesamte Schulzeit begleiten. Darum sollten Sie als Eltern immer und immer wieder ihre Jüngsten auf diese Struktur, also die Gleichung, hinweisen, ihr Augenmerk auf die Gleichung richten, ohne die Rechenwege zu vernachlässigen. Mathematik heißt - wie Sie bereits wissen - auf Deutsch „Verstehen". Es ist demnach elementar wichtig, den Sinn der Gleichung an sich zu verstehen. Der

Wert links der Gleichung muss derselbe Wert sein wie auf der rechten Seite:

$$1 \text{ €} = 100 \text{ Cent}$$
$$2 \text{ x } 50 \text{ Cent} = 1 \text{ €}$$
$$2 \text{ x } 50 \text{ Cent} + 30 \text{ Cent} = 1 \text{ € } 30 \text{ Cent}$$

Wenn ich also den Wert auf der linken Seite erweitere, muss ich ihn auch auf der anderen Seite mit demselben Wert erweitern, denn die Werte links und rechts der Gleichung müssen erhalten bleiben. Später müssen die Schüler die Gleichungen nach sogenannten Variablen (x oder y usw.) auflösen. Daher sollte man von Anfang an auch schon den Jüngsten diese Struktur der Gleichung vermitteln. Ein solcher gedankliche Zugriff auf die Mathematik erleichtert von Anfang an über die gesamte Schulzeit das Verstehen mathematischer Zusammenhänge. Haben Sie keine Scheu, laut zu formulieren: „Achte bitte immer darauf, dass die Gleichung stimmt, die Werte links und rechts des Gleichheitszeichens gleich sind!"

Das Einmaleins

Ich werde nun einen weiteren Aspekt in der Mathematik beleuchten: Das „Kleine Einmaleins".

Auswendiglernen ist mühsam und langweilig. Das Einmaleins ist aber extrem wichtig. Sie als Eltern wissen das und stehen manches Mal vor scheinbar unlösbaren Problemen. An dieser Stelle kann ich sehr gut erklären, dass es in der Schul-Mathematik nur zwei Wege des Lernens gibt:

<u>Das Verstehen und das Üben</u>

Diese Aufteilung des Lernvorgangs ist absolut wichtig. Lehrer wie Eltern müssen genau wissen, welche Art des Lernen gerade vollzogen wird. Werden diese Bereiche nicht getrennt, ist das Kind überfordert und sehr schnell verwirrt. Wenn ein Schüler z.B. eine englische Vokabel nicht versteht, wie soll er sie dann auswendig lernen? Erst wenn er sie verstanden hat, kann er daran gehen, sie sich durch permanentes Wiederholen „einzuverleiben".

Das Einmaleins hat einen verstehbaren Sinn:

Nehmen Sie zum Beispiel die Zahl 7. Dann addieren Sie diese Zahl mit sich selbst und Sie erhalten 14. Dazu zählen Sie wieder eine 7 und erhalten 21. Jetzt addieren Sie noch einmal eine 7 dazu und Sie erhalten als Summe schon die 28. Rechnen Sie noch einmal eine 7 dazu, so landen Sie bei 35.

Von mir aus können Sie diesen Weg unendlich lang beschreiten und wenn Sie ihn zusammen mit Ihren Kind gehen, wird es Ihnen und ihrem Kind zu mühsam und das Kind wird das „Spielchen" bald abrechen wollen. Aber spätestens bei der Summe 35 könnten Sie dem Kind sagen, dass es eine viel einfachere Möglichkeit gibt, als dieses mühsame Addieren. Lassen Sie den Schüler einmal die Anzahl der 7 nachzählen. Fünf Mal haben Sie die 7 addiert. Die vereinfachte Lösung heißt: 5 mal 7 gleich 35. Sie glauben gar nicht, wie schnell die Kinder begreifen, dass das Malnehmen viel einfacher und leichter ist als das Addieren und die Multiplikation eben schneller zum Ziel führt. Das ist doch genial. Mathematiker suchen immer einen Weg, der ihnen das Rechnen erleichtert. Vielleicht sind Mathematiker nur fauler als andere. Wer weiß? Vielleicht haben deshalb damals auch die „alten" Griechen ihre abstrakten Konstruktionen „Mathematike technike" - die Kunst des Verstehens - genannt. Denn, wenn man etwas verstanden hat, kann man es auch.

Sobald ein Schüler ein mathematisches Prinzip verstanden hat, kann er es auch anwenden und es erscheint leicht und einfach. Das Einzige, was nur noch fehlt, ist die Übung. Und die Übung ist nichts Anderes als Wiederholung. Das menschliche Gehirn lernt durch Wiederholung. Es kann nicht anders. Die Werbung nutzt dieses Phänomen ungeniert und brutal aus. Wenn Werbung nur bei Intelligenten wirken würde, gäb es sie nicht, ich meine die Werbung. Selbst Unwahrheiten bleiben im Kopf hängen: „Haribo macht Kinder froh und …" Sie wissen, wie es weitergeht. Aber dieses Zuckergemisch macht Kinder nicht froh, sondern zerstört ihre Zähne.

Ich will aber auch noch einmal auf das Einmaleins zurück kommen. Nach dem Verstehen kommt die Übung (Wiederholung, Wiederholung, Wiederholung …)

Hier stelle ich Ihnen ein kleines Beispiel vor:

7

1 x 7 = 7 Die 7 ist 1 x in der 7.   7 geteilt durch 7 = 1

7 + 7

2 x 7 = 14 Die 7 ist 2 x in der 14.   14 geteilt durch 7 = 2

7 +7 + 7

3 x 7 = 21 Die 7 ist 3 x in der 21.   21 geteilt durch 7 = 3

7 + 7 + 7 +7

4 x 7 = 28 Die 7 ist 4 x in der 28.   28 geteilt durch 7 = 4

7 +7 + 7 + 7 +7

5 x 7 = 35   Die 7 ist 5 x in der 35.   35 geteilt durch 7 = 5

USW.

Wenn Sie mit Ihrem Kind gemeinsam am Tisch sitzen und nach und nach die Kästchen mit den Zahlen ausfüllen und dabei immer fragen, wie viele 7 jeweils im Kästchen sind, kann es die Menge nicht nur zählen, sondern auch sehen. Da Menschen in Bildern denken, können so die Kinder das Einmaleins besser behalten und natürlich auch verstehen. Das Einmaleins ist eine wahre Erleichterung des mühsamen Addierens. Wenn Sie also das obige „Spiel" bis 10 x 7 aufgeschrieben und laut ausgesprochen haben, kontrollieren Sie bitte nicht Ihr Kind, ob es nun alles auswendig kann, sondern drehen Sie das „Spiel" um und lassen Sie Ihr Kind Sie fragen: „Mama (Papa) was ist fünf mal sieben?" Usw. Sie müssen antworten und das Kind wird mehr Spaß haben als Sie und es wird sich freundlich wundern, dass Sie alle Fragen richtig beantworten können. Und dann drehen Sie das „Spiel" einfach wieder um und das Kind muss Ihnen antworten. Stellen Sie bedenkenlos die Fragen durcheinander. Das ist zum Behalten sogar besser. Ob Sie fragen und antworten oder umgekehrt, der Wiederholungseffekt ist unvermeidlich. Übrigens: Eine Zahlenreihe pro Tag reicht vollkommen aus. Später können Sie das gegenseitige Abfragen auch, ohne es abzulesen, also auswendig durchführen. Wenn Sie sich die obigen Zahlen genau anschauen, stehen nach dem Ergebnis auch die Rückrechnungen als Divisionsaufgabe. Ohne explizit das Dividieren als solches zu erwähnen, sprechen Sie wie selbstverständlich das Ergebnis bis zum Ende aus (laut). So lernt das Kind den Zusammenhang des Multiplizierens mit dem Dividieren. Das Ergebnis einer Division heißt, wie Sie ja bereits wissen - Quotient. Dieser lateinische Ausdruck bedeutet so viel wie: Wie häufig ist die Ergebniszahl im Dividenden vorhanden. Beispiel: 21:7=3, die 7 ist also 3 mal in der 21 vorhanden. Nicht nur bei diesem Lernvorgang, sondern immer, sollten die Lernbereiche einmal abgeschrieben und laut gelesen werden. Es gibt nun mal mehrere Zugänge zum Gehirn: Die Hand, die schreibt und über die Nervenbahnen das Gehirn informiert (begreifen - bedeutet immer auch verstehen), die Ohren und der Mund mit seinen Muskeln, der das Verstandene akustisch wiederholt. Wer alle Zuwege zum Gehirn nutzt, behält das Verstandene besser und auch länger.

Auch an dieser Stelle komme ich noch einmal auf das wichtige Prinzip zurück, das ich schon einmal angesprochen habe: Das Prinzip der zwei Ebenen des mathematischen Lernens: 1. Verstehen, 2. Üben. Erst wenn der Schüler den Rechenweg und damit die Erleichterung durch die entsprechende

Formel verstanden hat, muss er zum 2. Teil übergehen und den neuen Rechenweg, bzw. die Formel einüben. Und üben heißt nichts Anderes als wiederholen. Denken Sie an die bekannten Werbespots. Sie beherrschen diese Werbespots, weil Sie sie immer wieder gehört haben, selbst dann, wenn Sie an etwas Anderes gedacht oder sich anderweitig beschäftigt haben. Wenn Sie Ihrem Sohn sagen, er soll jetzt nur an Fußball usw. denken und gar nicht aufmerksam zuhören, wenn Sie ihm etwas Bestimmtes vorsprechen. Sie sagen fünf Mal: „Neunzehn mal neunzehn gleich dreihunderteinundsechzig." Und danach fragen Sie ihn: „Was ist 19 x 19?" Er wird die Antwort wissen, auch wenn er mit den Gedanken ganz woanders war. Wir können einer Wiederholung nicht entfliehen. Wir sollten ihre Kraft und Wirkung nutzen. Aber was soll ein Üben mit vielen Wiederholungen bringen, wenn man den Sinn des zu lernenden Rechenweges nicht verstanden hat? Eine mathematische Formel (bekanntes Beispiel: 7+7+7+7+7+7+7 - lang und mühsam addiert ergibt genau den gleichen Wert wie 7x7) hat den Sinn, dass man zum gewünschten Ergebnis leichter und bequemer kommt. Sinn und Herleitung einer Formel werden zwar im Mathe-Unterricht erklärt, aber leider allzu häufig nicht verstanden, besonders nicht, dass sie den Rechenweg verkürzt und man mit ihr schneller zum gewünschten Ziel kommt. Also: Erst verstehen, dann üben durch Wiederholung. Als Eltern haben Sie eher den Überblick als Ihre Kinder und können erkennen, ob die Schüler sich beim Verstehen schwer tun oder beim Üben und Wiederholen.

Über 10

In den ersten Schuljahren werden die Zahlen, ihre Reihenfolgen und Kombinationen ausgiebig geübt und auf vielfältige Weise wiederholt. Gerade der Anfang ist für viele sehr mühsam, weil das menschliche Gehirn in Bildern denkt und nicht in abstrakten Modellen oder Konstruktionen. Die Kinder sind gezwungen, sich diese neuen Mengenbezeichnungen vorzustellen und zu merken. Da greifen sie gerne auf ihre zehn Finger zurück. Das ist für sie anschaulich, kommt der Arbeitsweise ihres Gehirn sehr nahe, ist aber durch die Zahl „zehn" biologisch begrenzt. Daher ist es nicht ungewöhnlich, dass Kinder Probleme haben, über „zehn" zu rechnen. Vielleicht erinnern Sie sich: Wenn man große Zahlen addieren musste, hat man sie untereinander geschrieben, einen langen Strich gezogen und von rechts angefangen, die einzelnen Zahlen, also die Einer zu addieren. Wenn es über „zehn" ging, musste man die „1" der nächsten Zeile zuordnen. Ist Ihnen bei dieser erleichterten Methode der Addition großer Zahlen aufgefallen, dass Sie jetzt nur noch kleine Zahlen, also Einer addieren und dabei niemals die „20" erreichen? Schon bei dieser Erleichterung erkennt man, wie wichtig es ist, den rechnerischen „Sprung" über 10 (bis 19) perfekt zu beherrschen. Dieser „Sprung über zehn" wird die jungen Leute die gesamte Schulzeit begleiten. Darum ist es gerade am Anfang besonders wichtig, diesen Rechenweg zu lernen. Dieser „Sprung über zehn" ist genauso elementar wie das kleine Einmaleins. In der Schule werden diese Rechenschritte sehr intensiv geübt. Überprüfen Sie den Stand Ihres Kindes, indem Sie fragen: „9+2, 9+3, 9+4" usw. „8+3, 8+4, 8+5" usw. „7+5, 7+6" usw. Gehen Sie mit Ihren Kindern auch den umgekehrten Weg. Das Ganze sollte auch nur wenige Minuten in Anspruch nehmen, damit es nicht zur Belastung führt. Lösen die Kinder diese Aufgaben spielend, sind sie auf dem richtigen Weg. Ansonsten hilft auch hier die Wiederholung ein oder zweimal pro Woche.

Die Idee der Fläche

Im nächsten Abschnitt komme ich auf den mathematischen Begriff der „Fläche" zu sprechen. Ich erinnere noch einmal an meine Darlegung, dass es sich bei der Mathematik um eine eigene, wenn auch eigensinnige neue Sprache handelt. Die Vokabeln dieser Sprache muss man lernen wie die Vokabeln einer Fremdsprache. Wie ich bereits erwähnt hatte, nimmt die Mathematik ihre Wörter aus der Alltagssprache und definiert sie neu. Da die Kinder bereits in der Grundschule mit der Geometrie vertraut gemacht werden, bevorzuge ich zur Erklärung der Sprachstruktur der Mathematik den Begriff „Fläche". Für die meisten von meinen Lesern wird jetzt alles anders: Wenn Sie Ihr Auto polieren, polieren Sie nicht die Fläche Ihres Wagens, sondern den Lack. Das erscheint erst einmal klar und selbstverständlich. Für die Mathematiker ist die Fläche aber kein „Körper". Ein Körper hat immer eine dreidimensionale Ausdehnung. Nehmen Sie z.B. einen Schuhkarton. Er hat einen Deckel, einen Boden und Seiten, die den eigentlichen Karton ausmachen. In diesen Karton passen zwei Schuhe. So weit so gut. Eine mathematische Fläche ist aber zweidimensional und hat überhaupt keine Seiten, die einen Kasten bilden könnten. Eine mathematische Fläche können Sie nicht hochnehmen und auch keine Gegenstände hineintun. Die mathematische Fläche ist, wenn man so will, ein Loch ohne Boden mit einem Rand drum herum. Die mathematische Fläche ist nur eine gedankliche Konstruktion oder - man kann auch sagen, ein Modell. Wenn Sie ein Rechteck von z.B. fünf Zentimeter Länge und einer Breite von drei Zentimetern zeichnen, können Sie diese Fläche nicht hochheben. Ihre Zeichnung ist nur eine sichtbargemachte Darstellung der Idee einer Fläche. Die Fläche eines Fußballplatzes besteht aus sauber kurzgeschnittenem Rasen. Die Fläche Ihres Küchenfensters besteht aus Glas. Eine mathematische Fläche ist eine gedankliche Vorstellung, letztlich eine Erfindung, genauso wie in der Sprache das Wort und zwar jedes Wort eine Erfindung ist. Klaus ist der Name eines Jungen, nicht aber der Junge selbst. Der Sinn von Wörtern liegt darin, dass sich die Menschen mit Hilfe der Wörter verständigen können. Dieser neue Blick in eine erfundene, konstruierte Welt der mathematischen Sprache ist nicht nur für Erwachsene schwer zu verstehen, sondern auch für Kinder. Sie verwechseln anfangs die mathematische Fläche eines Quadrates mit dem Körper eines Würfels, der wiederum sechs Flächen bietet - mit den Kennzeichen von den Punkten Eins bis Sechs. Ein Dreieck, ein Rechteck, ein Kreis sind Darstellungen von Flächen. Pyramiden, Quader und Kugeln sind Körper. Die jungen Menschen müssen nun nicht nur die neuen Bedeutungen der Wörter in der Mathematik lernen, sondern auch die konstruierte Ebene des Modells.

Das Modell des Quadratzentimeters

Ich will diesen besonderen Umstand der Mathematik einmal an dem Beispiel einer bestimmten Fläche erläutern. Zeichnen Sie einmal ein kleines Quadrat mit einer Seitenlänge von nur einem Zentimeter:

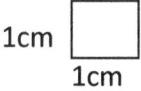

1cm
1cm

Um nun der Fläche zwischen den vier verbundenen Geraden mit der Länge 1cm einen Namen zu geben, haben die Mathematiker bestimmt, dass man zwei Seitenlängen mit einander multipliziert und mit der Form des Quadrates verknüpft. So haben die Mathematiker diese Fläche Quadrat-Zentimeter genannt. Ein Quadratzentimeter heißt nun die Fläche eines Quadrates mit der Seitenlänge „Eins". Das nächst größere Quadrat im Bereich der ganzen Zahlen hat die Seitenlänge „Zwei" und ist daher - logisch induktiv abgeleitet - vier Quadratzentimer groß. Danach folgt die Seitenlänge „3" und ein Quadrat von 9 Quadratzentimetern. Man hätte eine Fläche auch anders definieren können, aber man hat sich daran gewöhnt und man ist dabei geblieben. Sollten Sie also einmal versuchen, die Fläche eines Kreises mit einem kantigen, sprich eckigen Quadrat als Basis der Flächenberechnung zu berechnen, werden Sie „Schiffbruch" erleiden. Die Quadratur des Kreises ist bis heute nicht gelungen! Die ungefähre Notlösung nennen die Mathematiker „Pi". Das ist der Name eines altgriechischen Buchstabens. Diese Methode der Flächenberechnung eines Kreises lernen die Schüler aber erst nach der Grundschulzeit kennen.

Wie Sie an diesem Beispiel unschwer erkennen können, müssen Ihre Kinder also nicht nur die Welt der Zahlen erfassen, sondern auch die Methoden des wissenschaftlichen Denkens erlernen. In der Mathematik werden Modelle (Quadratzentimeter) erstellt und dargestellt. Diese Grundannahmen und Definitionen können zwar nicht bewiesen werden, dienen aber als Voraussetzung für die darauffolgende Logik. Dasselbe Prinzip gilt übrigens auch für die Sprache an sich. Darum ist Mathematik für die Entwicklung des Gehirns so wichtig und eine grundlegende Voraussetzung für alle anderen Fächer.

Die Quadratzahlen

Also, da die Quadratzahlen in der gesamten Schulzeit immer wieder vorkommen, aber nicht nur bei der Berechnung von Flächen, sondern auch von Körpern als Kubikzahlen und sogar als Ergebnisse von Wurzelberechnungen (Wurzel aus 9 ist 3.) Ebenso werden sie bei der Berechnung von Brüchen und komplexen Gleichungen gebraucht. Neben dem Einmaleins erscheint es mir sehr wichtig, dass bereits in der Grundschule die Kinder die Quadratzahlen mindestens bis 400 kennen sollten. Sie dienen zudem auch als Orientierung im gesamten Zahlensystem, zum Beispiel beim Überschlagen von Berechnungen. Die Quadratzahlen lauten: (2x2, 3x3, 4x4, 5x5, usw.) 4, 9, 16, 25, 36, 49, 64, 81, 100, 121, 144, 169, 196, 225, 265, 289, 324, 361 und 400. Ob die Schüler später Brüche kürzen, Wurzel ziehen oder quadratische Gleichungen lösen sollen, immer wieder tauchen diese Quadratzahlen auf. Dabei ist das Erlernen sehr einfach. Nutzen Sie die Methode der Werbung. Lesen oder sprechen Sie mindestens einmal pro Woche diese Zahlen vor. Fangen Sie bei der ersten Quadratzahl an: 2x2 gleich 4, 3x3=9 und so weiter bis 10x10=100. Dann folgt Tage später die nächste Einheit: Von 11x11 bis 15x15 und als letzte von 16x16 bis 20x20=400. Ob Sie es glauben oder nicht, aber viele Kinder haben Spaß daran, dass sie wissen, was 19 mal 19 ist. Denn sie fragen gerne mal Erwachsene nach dem Ergebnis, die dann meist zugeben müssen, dass sie sehr lange rechnen müssen, bis sie das Ergebnis sagen können.

Das „Ganze" ist 1

Uns Erwachsenen ist sehr Vieles selbstverständlich. Wir sprechen von einer Gehaltserhöhung - leider immer seltener - dafür aber umso häufiger über die Inflationsrate. Dabei handelt es sich nicht nur um Zahlen, könnte man meinen. Aber weit gefehlt. Dahinter steckt eine unglaubliche Idee:

Das Ganze ist 1.

Nicht nur Grundschüler, sondern auch Schüler älterer Jahrgänge tun sich mit dieser bahnbrechenden Idee schwer. Das wird spätestens deutlich mit der Einführung der Prozent-Rechnung. So besteht zum Beispiel ein Meter aus 100 Zentimetern. Die Hälfte sind 50 Zentimeter, ein Viertel also nur 25 Zentimeter. Ähnlich sieht es beim Euro aus: Ein Euro besteht aus 100 Cent. Die Hälfte sind 50 Cent und so weiter. Das alles ist für junge Menschen sofort einsehbar. Jetzt gehen aber die Mathematiker hin und sagen, jede Menge kann man als 1 bezeichnen, definieren. Also sind z.B. 24 Schüler eine Klasse, also 1. Ein „halb" sind 12 Schüler, ein Viertel sind 6 Schüler. 60.000 Menschen passen z. B. in ein Fußballstadion. Hier lautet die Hälfte aber 30.000. Die Weltbevölkerung besteht seit geraumer Zeit aus 8 Milliarden Menschen. Hier ist die Hälfte 4 Milliarden. Jedes Mal handelt es sich um die Hälfte = ½. Jedes Mal ist es aber ein anderer Wert. ½ ist mal 50, mal 12, mal 30.000 oder sogar einmal 4 Milliarden. Diese Rechnung geht aber nur auf, weil jedes Mal die Bezugsmenge eine andere ist. Der Mathematiker kann also jede ausgewählte Menge als 1 bezeichnen. Diese neuartige Zuordnung ist für junge Menschen anfangs verwirrend. Man muss den Kindern diese besondere Zuordnung mit Hilfe vieler Beispiele immer wieder aufzeigen, damit sie sie verstehen. Sie müssen die eigentlich einfache Frage stellen: Von welcher Einheit oder Menge muss ich einen bestimmten Teil berechnen? Ein Drittel ist immer ein Drittel, aber wovon? Ein Drittel einer Pizza ist etwas Anderes als ein Drittel des Taschengeldes. Und zwei Jahre später erfahren die Kinder: 30 % einer Pizza ist etwas Anderes als 30 % vom Taschengeld. Die neue Bezugsgröße ist dann nicht mehr die 1, sondern die 100. Pro Zent heißt von Hundert. Dann sind 24 Schüler 100 % und auch 8 Milliarden sind dann 100 % der Menschheit. Haben Sie also Geduld mit Ihren Jüngsten. Jede beliebige Einheit als 1 zu definieren, um sie dann als Teile bzw. Anteile auszuweisen, ist für junge Menschen eine gewaltige Leistung. Dafür brauchen sie Zeit und viele Beispiele. Geben Sie ihnen diese Zeit.

Ein Anteil ist ein Teil

Mancherorts werden Schüler bereits in der Grundschule mit den sogenannten Brüchen konfrontiert. Auf jeden Fall wird es diese Hürde in der Schule geben. Damit bereits Sie, liebe Eltern, darauf vorbereitet sind, werde ich auf diesen besonderen Lernabschnitt in der Mathematik eingehen:

Werden zwei Zahlen untereinander geschrieben und durch einen Strich getrennt, nennt man diese Zahl einen Bruch: z.B. ½. Es ist in erster Linie aber nur eine andere Schreibweise für 1:2. Diese Aufgabe können anfangs die jungen Schüler aber nicht lösen, sie halten sie schlicht für unmöglich oder sogar unsinnig. Die Division von großen Zahlen mit einem Komma in der Lösung erlernen die Schüler daher später. Zudem irritiert die Anfänger folgendes Phänomen: Wenn die Zahl unter dem Strich immer größer wird, wird der Wert des Bruchs immer kleiner. ¼ ist kleiner als ½. Zuallererst müssen die Kinder erkennen, dass ein Teil eines Ganzen immer kleiner ist als das Ganze. Das Ganze = 1. Dabei wird gerne als Beispiel eine Pizza genommen. Jedes Stück einer Pizza ist immer kleiner als eine ganze Pizza. Wie groß das Stück der Pizza aber ist, das ich herausgeschnitten habe, steht stets <u>unter</u> dem Bruchstrich:1/2. Es handelt sich also um eine halbe Pizza. Bei einer ¼ Pizza ist das herausgeschnittene Stück nur eine Viertelpizza. Dieser scheinbar einfache Gedanke muss sich im kindlichen Gehirn festigen.

Liebe Eltern, suchen Sie immer wieder weitere Beispiele und lassen Sie den Kindern ausreichend Zeit, diese Begrifflichkeit zu verstehen. In Ihren Augen sieht das sehr einfach aus. Wie schwierig diese Abstraktion für die Kinder ist, können Sie selbst einmal feststellen, wenn Sie vor diese Aufgab gestellt werden: Wie lautet das Ergebnis der Rechnung: 1/4 geteilt durch 3/8? Erinnern Sie sich? Hier müssen Sie den Bruch mit seinem Kehrwert multiplizieren. Mit Ihrem gesunden Menschenverstand kommen Sie nicht direkt zur Lösung.

Da die Bruchrechnungen der Schule erst später thematisiert werden, möchte ich Ihnen nur die Methoden in Erinnerung rufen. Vielleicht werden Sie doch noch mit ihnen konfrontiert:

Brüche kann man nur addieren oder subtrahieren, wenn die Nenner gleich sind. Das erreicht man durch Erweitern oder Kürzen. Bei der Multiplikation werden einfach die Zähler und dann die Nenner miteinander multipliziert. Bei der Division von Brüchen wird, wie bereits erwähnt, der zweite Bruch mit dem Kehrwert multipliziert. Das nur zur Erinnerung.

Gemischte Zahlen

Eine Hürde beim Verständnis von Brüchen stellt stets die sogenannte „Gemischte Zahl" dar, z.B.: 1 ½ oder 4 3/3 oder 5 3/7 usw.

Wie bereits erwähnt, ist jeder Bruch immer nur ein Teil eines Ganzen. Das ist insoweit richtig, solange der Zähler kleiner ist als der Nenner. Haben Zähler und Nenner denselben Wert wie z.B. 3/3, dann ist der Wert immer 1, denn 3:3 = 1.

Eins ist hier der Quotient (Ergebnis einer Division), der die Frage beantwortet, wie häufig ist die 3 in der 3, nämlich nur 1 mal.

Ist bei einem Bruch der Zähler größer als der Nenner, z.B. 5/4, dann zeigt der Zähler an, dass es mehr Teile als ein Ganzes gibt. Dann kann man das Ganze aus dem Bruch heraus rechnen: 5/4 = 4/4 plus ¼. Also 4/4 ist ein Ganzes. Darum kann man auch schreiben: 1 ¼. Sobald die Schüler bei einem Bruch bemerken, dass der Zähler größer ist als der Nenner, können sie die Umwandlung von einer gemischten Zahl in einen Bruch und umgekehrt üben. Auch hier wird wieder deutlich, dass man zwischen „Verstehen" und „Üben" (durch Wiederholung) klar unterscheiden muss. Beobachten Sie, dass Ihr Kind Fehler beim Üben macht, müssen Sie wieder in den Modus des Verstehens zurückgehen. Diesen Ausflug in die fünfte Klasse habe ich nur der Vollständigkeit

wegen gemacht, damit Sie ggf. darauf vorbereitet sind.

Multiplikation von großen Zahlen

Zum Ende der Grundschulzeit werden die Schüler
noch einmal mit der Multiplikation konfrontiert.
Es handelt sich aber nun um die Multiplikation
einer großen Zahl mit einer oder zwei anderen
Zahlen. Auch hierbei kann man sehr gut ablesen,
wie wichtig das kleine Einmaleins ist, das die
Schüler bis dahin beherrschen müssen. Leider
gibt die Schule den Kindern nicht ausreichend
Zeit und Gelegenheit, mathematische Probleme
selbst zu lösen, bzw. eigene Lösungswege zu finden. Dann würden sie nämlich erkennen, warum
der neue Weg zur Lösung eigentlich ganz einfach
ist. Leider wird ihnen dieser eigene Erkenntnis-
prozess vorenthalten und ihnen sofort die Lösung angeboten. Eigentlich sollten die Schüler
z.B. vor folgendes Problem gestellt werden:

Multipliziere 9624 mit 7

Bestenfalls kommen die Schüler auf die Idee, jede Zahl mit der 7 zu multiplizieren und die Pro-
dukte anschließend zu addieren. Wenn sie es
richtig machen, erkennen sie, dass sie anfangs

die 7 mit der 4 multiplizieren müssen, aber dann die 7 mit der 20 und danach die 7 mit der 600 und zum Schluss die 7 mit der 9000. Dadurch verstehen die Schüler, dass sie die Einer, Zehner, Hunderter und Tausender sauber untereinander-schreiben müssen, um sie korrekt zu addieren. Gehen Schüler diesen problemorientierten Weg, wird ihnen die Möglichkeit gegeben, den Sinn dieses Weges zur Lösung zu erkennen und zu verstehen. Wenn die Schüler dann diese Art der gestaffelten Multiplikation mehrfach wiederho-len, werden sie selbst auf die Idee kommen, die Addition zu vereinfachen und die einzelnen Pro-dukte nicht mehr vollständig hinzuschreiben, sondern die zu addierenden Zahlen im Kopf zu speichern (1 im Sinn, wie man zu sagen pflegt). Gibt man den Schülern ausreichend Zeit, diesen Lösungsweg durch häufiges Wiederholen zu üben, trainieren sie nicht nur ihr Gehirn, sondern können ihr Leben lang große Zahlen multiplizie-ren. Im Grunde sollte der Lernprozess im umge-drehten Fall bei der Division von großen Zahlen erfolgen. Die Division ist ja schließlich nur die Umkehrung der Multiplikation. Leider wird den Schülern - auch und gerade in den späteren Jahr-gängen - ohne eigene Herleitung der Formel nur die Formel an die Hand gegeben, die sie aus-wendig lernen, bis zur Klassenarbeit behalten und dann wieder vergessen. So verhindert man bei den Schülern das eigentliche „Verstehen" von Mathematik und den Sinn der Formeln, die das Lösen von Aufgaben erleichtern. Daher empfinden viele die Mathematik als sinnentleertes „Pauken" mit allen sich daraus ergebenden Misserfolgen und Ängsten. Darum, liebe Eltern, fragen Sie zusammen mit ihren Kindern, gerade zum Anfang der Schullaufbahn, worin der jeweilige Sinn in den Formel steckt.

Zum Schluss

Zusammenfassend möchte ich noch einmal darauf hinweisen, dass in der Grundschule die Grundlagen der Mathematik vermittelt werden. Mathematik bedeutet „Verstehen". Nur das „Verstandene" kann man sinnvoll durch stetiges Wiederholen üben. Diese Unterscheidung zwischen „Verstehen" und „Üben" ist elementar. Die Mathematik bedient sich eigener Wörter, die sie der Alltagssprache entnommen hat. Ihre Definitionen muss man auswendig lernen. Das Grundmodell der Mathematik ist das Gleichheitszeichen und die nichtbeweisbare Annahme $1 = 1$. Die zweite Grundannahme ist die Gleichsetzung einer bestimmten Menge mit einem Ganzen. So lassen sich aus dem Ganzen Teile ableiten. Lesen Sie dieses Büchlein mehrmals durch, um sich in die Welt der mathematischen Sprache hinein zu fühlen. So werden Sie Ihre Kinder besser verstehen. Viel Erfolg.

Weitere Bücher von Dieter Reinecker:

2020, 2021 … Warum? Wer nicht fragt, bleibt …
  (Wege zur Philosophie)   ISBN: 978-753439976

Und Eva sagte: (Romanhaftes Sachbuch)

Biblische Geschichten für Erwachsene (Mose1-5)
ISBN: 978-3738629118

„Kompanie: Die Augen links" (autobiografischer
Roman),   Vom Rekruten zum Revolutionär
  ISBN: 978-3744817257

Rückkehr in die Ewigkeit   (existentialistischer
Roman)   ISBN: 978-3734793097

Wie ich die Dialyse fünf Jahre hinauszögerte …
(Autobiografie und Sachbuch)
ISBN: 978-3739223476

Lehrbuch erfolgreicher Nachhilfe-Lehrer
aktiv zuhören - verstehen - üben
ISBN: 978-3754327449

Noch ein wichtiger Literatur-Hinweis:
www.beate-reinecker.de
Philosophische Literatur, Essays zur Ethik